土力学实训指导书

范　兵　主　编

黄 河 水 利 出 版 社
·郑州·

内 容 提 要

本书为土力学实训指导书，按照高校教学要求和国家标准编写，分为土的含水率、强度等实训。

本书既可作为交通土建、道路桥梁工程技术、土木工程等相关专业的实训教材，也可作为土木工程技术人员的学习参考用书。

图书在版编目(CIP)数据

土力学实训指导书/范兵主编. —郑州：黄河水利出版社，2013.7

(高职高专工程实训系列丛书)

ISBN 978-7-5509-0478-1

Ⅰ.①土… Ⅱ.①范… Ⅲ.①土力学-高等职业教育-教学参考资料 Ⅳ.①TU43

中国版本图书馆CIP数据核字(2013)第091876号

组稿编辑：王文科　电话：0371-66025273　E-mail：15936285975@163.com

出 版 社：黄河水利出版社　　网址：www.yrcp.com

地址：河南省郑州市顺河路黄委会综合楼14层　　邮政编码：450003

发行单位：黄河水利出版社

发行部电话：0371-66026940、66020550、66028024、66022620(传真)

E-mail：hhslcbs@126.com

承印单位：黄河水利委员会印刷厂

开本：787 mm×1 092 mm　1/16

印张：1.5

字数：34千字　　印数：1—3 000

版次：2013年7月第1版　　印次：2013年7月第1次印刷

定价：5.00元

前　言

工程实训是道桥、建筑等专业的主干实践课程。近年来,工程建设领域科学技术的快速发展,使得工程实训也进入了突飞猛进的发展阶段。许多实训的检测标准、规范,特别是新出的实训标准,都发生了一定程度的变化。为了使学生的学习内容贴近生产实际,体现高等职业教育的特点和优势,满足新技术、新工艺、新规范的要求,我们编写了本套实训教材。本套教材在介绍日益变得先进的传统实训方法的同时,还介绍了当前具有广泛应用价值和前景的新的实训方法。在编写中,力求做到理论联系实际,注重科学性、实用性和针对性,采用了国家和相关部委发布的最新标准规范,如《公路工程岩石试验规程》(JTG E41—2005)、《公路工程集料试验规程》(JTG E42—2005)、《公路工程水泥及水泥混凝土试验规程》(JTG E30—2005)、《公路沥青路面施工技术规范》(JTG F40—2004)、《公路水泥混凝土路面施工技术规范》(JTG F30—2003)、《混凝土结构工程施工质量验收规范》(GB 50204—2002)、《普通混凝土配合比设计规程》(JGJ 55—2011)、《公路工程沥青及沥青混合料试验规程》(JTJ 052—2000)等。

本套教材具有以下特点:

(1)贯彻了国家和相关部委发布的最新的行业标准规范,保证了实效性,使教学与实际紧密结合。

(2)为突出高等职业教育的特点,本套实训教材的编写班子以双师型教师为主,并吸收了部分企业的技术人员参加教材的编、审工作,使教材更贴近实际,更能反映工程建设中最新的技术、工艺和方法。

(3)不追求内容的系统性和完整性,以够用、实用为原则,以实际操作为主。强化了实践教学,重点培养学生的动手能力和思维方法。

(4)以学生好学、教师上课方便为宗旨,将教学改革成果引入到教材中,力争为一线教师提供较全面的、立体化的教材。

(5)在教材内容的选取上,以三年制教学为主,也充分考虑了两年制教学的要求,可供三年制和两年制教学使用。

本套教材由郑州交通职业学院组织编写,具体编写人员如下:范兵、韩娟、王志洁、董庆伟、王一文、梁胜军。

由于我国工程实训方法快速发展,新方法、新工艺不断出现,且由于编写时间仓促,编者的水平有限,不妥与疏漏之处在所难免,恳请读者批评指正。

编　者

2013 年 2 月

目　录

实训一　含水率实验

一、实验目的

土的含水率是指土在105～110 ℃下烘干至恒量时所失去的水的质量与干土质量的百分比值。土在天然状态下的含水率称为土的天然含水率。所以,实验的目的是测定土的含水率。

二、实验方法及适用范围

(1)烘干法:室内实验的标准方法,一般黏性土都可以采用。

(2)酒精燃烧法:适用于快速简易测定细粒土的含水率。

三、烘干法实验

(一)实验目的

土的含水率是指土在105～110 ℃下烘干至恒量时所失去的水的质量与干土质量的百分比值。

(二)仪器设备

烘箱:电热烘箱;电子天平:称量200 g,感量0.01 g;其他:干燥器、称量盒。

(三)实验步骤

(1)取代表性试样,黏性土为15～30 g,砂性土、有机质土为50 g,放入质量为m_0的称量盒内,立即盖上盒盖,称湿土加盒总质量m_1,精确至0.01 g。

(2)打开盒盖,将试样和盒放入烘箱,在温度105～110 ℃的恒温下烘干。烘干时间与土的类别及取土数量有关。黏性土不得少于8 h;砂类土不得少于6 h;对于含有机质超过10%的土,应将温度控制在65～70 ℃的恒温下烘至恒量。

(3)将烘干后的试样和盒取出,盖好盒盖放入干燥器内冷却至室温,称干土加盒质量m_2,精确至0.01 g。

(四)计算含水率

含水率公式为

$$w = \left(\frac{m}{m_s} - 1\right) \times 100\%$$

式中　w——含水率(%),计算至0.1%;

m——湿试样质量,g;

m_s——干试样质量,g。

注:

(1)本实验计算精确至0.1%。

(2)本实验需进行2次平行测定,取其算术平均值,允许平行差值应符合表1的规定。

表1　允许平行差值　(%)

含水率	<10	10~40	>40
允许平行差值	0.5	1.0	2.0

四、酒精燃烧法实验

(一)实验目的

测定土中水的质量与土颗粒质量的比值,用百分数表示。

(二)仪器设备

电子天平:称量200 g,感量0.01 g;其他:酒精、称量盒、火柴、滴管等。

(三)实验步骤

(1)取代表性试样,黏性土为15~30 g,砂性土、有机质土为50 g,放入质量为m_0的称量盒内,立即盖上盒盖,称湿土加盒总质量m_1,精确至0.01 g。

(2)打开盒盖,用滴管将浓度为95%的酒精滴入盒内,直至试样表面出现自由液面。将盒底在桌面上轻轻敲击,使酒精浸透全部试样,然后点燃盒中酒精,直至火焰熄灭。

(3)冷却1 min后,再按第(2)步重复操作。黏性土应燃烧4次,砂类土应燃烧3次。

(4)待最后一次火焰熄灭后,盖上盒盖,冷却至室温,立即称干土加盒质量m_2,精确至0.01g。

(四)计算含水率

本实验结果应按烘干法中的公式计算,本实验允许平行差值应符合表1的规定。

五、实验记录

本实验记录格式详见实训报告一。

实训报告一

日期：　　　　班级：　　　　组别：　　　　姓名：　　　　学号：

实训题目	含水率实验		成绩	
实训目的				
主要仪器				
实验方法				
盒号				
盒重(g)				
盒+湿土重(g)				
盒+干土重(g)				
水分重(g)				
干样重(g)				
含水率(%)				
平均含水率(%)				

实训总结

实训二　土的密度实验

一、实验目的

本实验的目的是测定土在天然状态下单位体积的质量。

二、实验方法与适用范围

(1)对于一般黏性土,宜采用环刀法。

(2)对于砂土与砂砾土,可用现场的灌砂法或灌水法。

三、环刀法实验

(一)实验目的

测定土在天然状态下单位体积的质量。

(二)仪器设备

环刀:内径6~8 cm,高2~5.4 cm,壁厚1.5~2.2 cm;电子天平:称量200 g,感量0.01 g;其他:修土刀、凡士林等。

(三)实验步骤

(1)测出环刀的容积V,在天平上称环刀质量m_1。

(2)取直径和高度略大于环刀的原状土样或制备土样。

(3)环刀取土:在环刀内壁涂一薄层凡士林,将环刀刃口向下放在土样上,随即将环刀垂直下压,边压边削,直至土样上端伸出环刀。将环刀两端余土削去修平(严禁在土面上反复涂抹),然后擦净环刀外壁。

(4)将取好土样的环刀放在天平上称量,记下环刀与湿土的总质量m_2。

(四)计算土的密度

土的密度按下式计算:

$$\rho = \frac{m}{V} = \frac{m_2 - m_1}{V}$$

式中　ρ——试样的湿密度,g/cm^3,计算至0.01 g/cm^3;

m、m_1、m_2——湿样、环刀、环刀加湿样的质量,g;

V——环刀体积,cm^3。

注:

(1)密度实验应进行2次平行测定,两次测定的差值不得大于0.03 g/cm^3,取两次实验结果的算术平均值。

(2)密度计算准确至0.01 g/cm^3。

四、实验记录

本实验记录格式详见实训报告二。

实训报告二

日期：　　　　班级：　　　　组别：　　　　姓名：　　　　学号：

实训题目	环刀法测密度		成绩	
实训目的				
主要仪器				
环刀重(g)				
环刀 + 试样重(g)				
环刀体积(cm^3)				
湿样重(g)				
湿密度(g/cm^3)				
盒号				
盒 + 湿样重(g)				
盒 + 干样重(g)				
盒重(g)				
水分重(g)				
干样重(g)				
含水率(%)				
平均含水率(%)				
最大干密度(g/cm^3)				

实训总结

实训三　土的击实实验

一、实验目的

本实验的目的是用标准的击实方法，测定土的密度与含水率的关系，从而确定土的最大干密度与最优含水率。

二、仪器设备

击实仪：由击实筒、击锤和护筒组成。

天平：称量 200 g，分度值 0.1 g。

台秤：称量 10 kg，分度值 5 g。

孔径为 5 mm 的标准筛。

电动脱模机：宜用螺旋式千斤顶。

其他：烘箱、喷水设备、碾土设备、盛土器、修土刀和保湿设备等。

三、实验步骤

试样制备：分为干法制备和湿法制备。

（一）干法制备试样

（1）取代表性试样风干或在低于 50 ℃温度下进行烘干。烘干后以不破坏试样的基本颗粒为准。将土碾碎，过孔径为 5 mm 的标准筛，拌和均匀备用。

（2）用烘干法测定试样的风干含水率。按试样的塑限估计最优含水率，在最优含水率附近选择依次相差约 2% 的含水率制备一组试样，至少 5 个，其中 2 个含水率大于塑限、2 个含水率小于塑限、1 个含水率接近塑限，并按下式计算应加的水量：

$$m_w = \frac{m}{1 + 0.01w_0} \times 0.01(w - w_0)$$

式中　m_w——土样所需加水质量，g；

m——风干含水率时的土样质量，g；

w_0——风干含水率（%）；

w——土样所要求的含水率（%）。

（3）将一定量的土样平铺于不吸水的盛土盘内，根据击实筒容积大小，每样取 2.5 kg 或者 6.5 kg，按预定含水率用喷水设备往土样上均匀喷洒所需加水量，拌匀并装入塑料袋内或密封于盛土器内静置备用。静置的时间分别为：高液限黏土不得少于 24 h，低液限黏土可酌情缩短，但不应少于 12 h。

（二）湿法制备试样

取天然含水率的代表性土样碾散，过孔径为 5 mm 的标准筛，将筛下土样拌匀，分别风干或加水到所要求的不同含水率。注意：制备试样时必须使土样中含水率分布均匀。试样击实后称取击实筒质量 m_1 并做好记录。

将击实仪放在坚实的地面上，击实筒内壁和底板涂一薄层润滑油，连接好击实筒与底板，安装好护筒。检查仪器各部件及配套设备的性能是否正常，并做好记录。每层高度应近似，两层交接处层面刨毛，所用试样的总质量应使最后的击实层面超出击实筒顶不大于 6 mm。

击实完成后拆去护筒，用修土刀修平击实筒顶部的试样，拆除底板，当试样地面超出筒外时，也应修平，擦净筒的外壁，称量筒和试样的总质量，精确至 0.5 g。

用电动脱模机将试样从筒中推出，从其中心取 2 个代表性试样按烘干法测定含水率。

试样不宜重复使用。易被击碎的脆性颗粒及高塑性黏土的试样不得重复使用。

按以上步骤进行不同含水率试样的击实。

四、计算公式

(一)计算

(1)计算击实后的试样的含水率：

$$w = \left(\frac{m}{m_d} - 1\right) \times 100\%$$

式中 w——含水率(%)；

m——湿土质量，g；

m_d——干土质量，g。

(2)计算击实后各试样的干密度：

$$\rho_d = \frac{\rho}{1 + 0.01w}$$

式中 ρ——湿密度，g/cm^3，计算至 0.01 g/cm^3。

(3)计算土的饱和含水率：

$$w_{sat} = \left(\frac{\rho_w}{\rho_d} - \frac{1}{G_s}\right) \times 100\%$$

(二)制图

以干密度为纵坐标、含水率为横坐标，绘制干密度与含水率的关系曲线，即为击实曲线。曲线峰值点的纵、横坐标分别代表土的最大干密度和最优含水率。如果曲线不能得出峰值点，应进行补点实验。

计算数个干密度下的饱和含水率。以干密度为纵坐标、含水率为横坐标，在击实曲线的图中绘制出饱和曲线，用以校正击实曲线。图的形式见教材。

五、实验记录

本实验记录格式详见实训报告三。

实训报告三

日期：　　　　班级：　　　　组别：　　　　姓名：　　　　学号：

实训题目		重型击实实验			成绩	
实训目的						
主要仪器						
使用范围			每层击数		试筒体积	
击锤重			落距		击实层数	
实验序号		1	2	3	4	5
干密度	加水量(g)					
	筒＋土重(g)					
	筒重(g)					
	湿土重(g)					
	湿密度(g/cm^3)					
	干密度(g/cm^3)					
含水率	盒号					
	盒＋湿土重(g)					
	盒＋干土重(g)					
	盒重(g)					
	水分重(g)					
	干土重(g)					
	含水率(%)					
	平均含水率(%)					
最优含水率(%)				最大干密度(g/cm^3)		

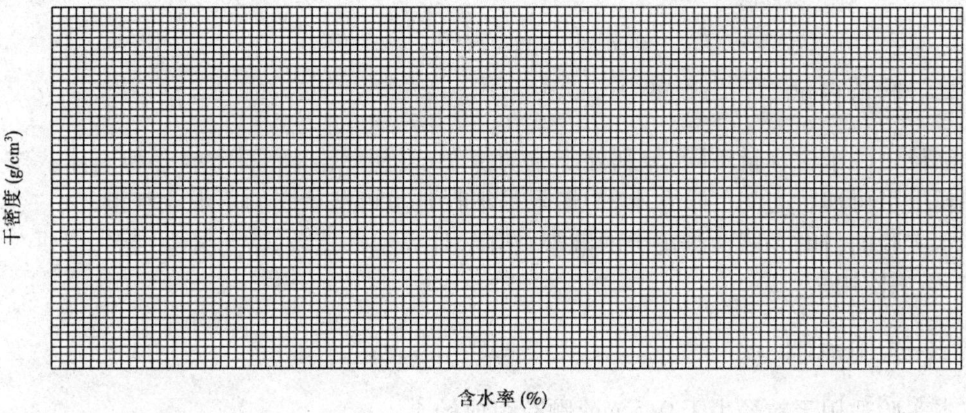

实训总结

实训四　界限含水率实验

一、实验目的

细粒土由于含水量不同,分别处于流动状态、可塑状态、半固体状态和固体状态。液限是细粒土呈可塑状态的上限含水量,塑限是细粒土呈可塑状态的下限含水量。

本实验的目的是联合测定土的液限、塑限,计算塑性指数,给土分类定名,以供公路工程设计、施工使用。

二、适用范围

本实验适用于粒径小于 0.5 mm 颗粒组成的土。

三、仪器设备

数码式液塑限联合测定仪。

圆锥仪:锥质量为 100 g 或 76 g,读数显示形式采用数码式。

盛土杯:直径为 50 mm,深度为 40 ~ 50 mm。

天平:称量 200 g,感量 0.01 g。

其他:烘箱、孔径为 0.5 mm 的标准筛、调土刀、盛土皿、称量盒、凡士林等。

四、实验步骤

(1)本实验应采用保持天然含水率的土样制备试样,在无法保持土的天然含水率的情况下,也可采用风干土制备试样。

(2)取孔径为 0.5 mm 标准筛筛下的代表性土样 200 g,分开放入三个盛土皿中,加入不同数量的蒸馏水,土样的含水率分别控制在液限(a 点)、略大于塑限(c 点)和二者的中间状态(b 点)。用调土刀调匀。测定 a 点的锥入深度,应为(20 ± 0.2)mm;测定 c 点的锥入深度,应为 3 ~ 5 mm;测定 b 点的锥入深度,应为 8 ~ 15 mm。

(3)将制备好的土样充分搅拌均匀,分层装入盛土皿,用力压密,使空气逸出。对于较干土样的土,应先充分搓揉,用调土刀反复压实。试杯装满后,刮成与杯边齐平。

(4)当用数码式液塑限联合测定仪时,调平仪器,提起锥杆,锥尖上涂少许凡士林。

(5)将装好土样的试杯放在联合测定仪的升降座上,转动升降旋钮,待锥尖与土样表面刚好接触,接触指示灯亮时停止升降,按下测量键,此时仪器会发出连续 6 声的滴滴声,读取第 6 声的瞬时数值,即为锥入深度 h_1。

(6)改变锥尖与土的接触位置(锥尖两次锥入位置距离不小于 1 cm),重复本实验第(4)、(5)步,得锥入深度 h_2。h_1、h_2 允许平行误差为 0.5 mm;否则,应重做。取 h_1、h_2 的平均值作为该点的锥入深度 h。取出试样杯,取 10 g 以上的试样 2 个装入称量盒内,测定其含水率。

(7)重复本实验第(4)~(6)步,测试其余2个试样的锥入深度和含水率。

五、计算公式

(1)试样的含水率按下式计算:

$$w = \left(\frac{m}{m_s} - 1\right) \times 100\%$$

(2)绘制圆锥锥入深度 h 与含水率 w 的关系曲线。

以含水率为横坐标、圆锥锥入深度为纵坐标,在双对数纸上绘制 $h \sim w$ 的关系曲线:①三点连一条直线。②当三点不在一条直线上时,通过高含水率的一点分别与其余两点连成两条直线,在圆锥锥入深度为2 mm处查得相应的含水率,当两个含水率的差值小于2%时,应以该两点含水率的平均值与高含水率的点连成一线。③当两个含水率的差值大于或等于2%时,应补做实验。

(3)确定液限、塑限。

在圆锥锥入深度 h 与含水率 w 关系图上,查得锥入深度为17 mm所对应的含水率为液限 w_L;查得锥入深度为2 mm所对应的含水率为塑限 w_P,以百分数表示,取整数。

(4)计算塑性指数和液性指数。

塑性指数:

$$I_P = w_L - w_P$$

液性指数:

$$I_L = \frac{w - w_P}{I_P}$$

(5)按规范规定确定土的名称。

六、实验记录

本实验记录格式详见实训报告四。

实训报告四

日期：　　　　班级：　　　　组别：　　　　姓名：　　　　学号：

实训题目				成绩	
实训目的					
主要仪器					
实验次数		1	2	3	
锥入深度（mm）	h_1				
	h_2				
	$(h_1+h_2)/2$				
含水率	盒号				
	盒重(g)				
	盒+湿土重(g)				
	盒+干土重(g)				
	水分重(g)				
	干土重(g)				
	含水率(%)				
实训总结					

实训五　土体固结实验

一、实验目的

本实验的目的是测定试样在侧限与轴向排水条件下的变形和压力，或孔隙比和压力的关系、变形和时间的关系，以便计算土的压缩系数、压缩指数、压缩模量、固结系数及原状土的先期固结压力等。

二、适用范围

本实验适用于饱和的黏质土。当只进行压缩时，允许用非饱和土。

三、仪器设备

环刀：直径为61.8 mm和79.8 mm，高度为2 cm。环刀应具有一定的刚度，内壁应保持较高的光洁度。

透水石：由氧化铝或不受土腐蚀的金属材料组成，其透水系数应大于试样的渗透系数。顶部透水石的直径应小于环刀内径0.2～0.5 mm。

加压设备：能垂直施加各级规定的压力，无冲击影响。

变形量测设备：量程10 mm，最小分度为0.01 mm的百分表。

其他：固结仪、天平、秒表、烘箱、刮土刀、称量盒等。

四、实验步骤

根据工程需要，切取原状土试样或制备给定密度与含水率的扰动土样。按实验一、实验二的方法，测定试样的密度及含水率。当试样需要饱和时，按规范规定的方法将试样进行抽气饱和。

在固结容器内放置护环、透水石和薄滤纸，将带有环刀的试样小心装入护环内，然后在试样上放薄滤纸、透水板和加压盖板，置于加压框架下，对准加压框架的正中，安装量表。当试样为饱和土时，上、下透水石应事先浸水饱和；对于非饱和状态的试样，透水石和滤纸的湿度应与试样密度相接近。

施加1 kPa的预压力，使试样与仪器上下各部分之间接触良好，然后调整量表，使指针读数为零。

确定需要施加的各级压力。加压等级一般为12.5 kPa、25.0 kPa、50.0 kPa、100 kPa、200 kPa、400 kPa、800 kPa、1 600 kPa、3 200 kPa。最后一级压力应大于上覆土层的计算压力100～200 kPa。

记录初始读数后，卸除预压力，开始施加第一级压力后，第一级压力的大小应根据土的软硬程度而定。

若是饱和试样，则在施加第一级压力后，立即向容器内注满水，使试样在水下进行实验。

若是非饱和试样,用湿棉纱围住加压盖板四周,避免实验过程中的水分蒸发。

当需要测定先期固结压力时,加压率宜小于 1.0,可采用 0.5 倍或 0.25 倍的加压率,最后一级荷载应大于 1 000 kPa,使 $e \sim \lg P$ 曲线下端出现较长的直线段。

测记稳定读数。当不需要测定沉降速率时,稳定标准规定为每级压力下固结 24 h。测记稳定读数后,再施加第 2 级压力。依次逐级加压至实验结束。

实验结束后,迅速拆除仪器部件,取出带环刀的试样,称其质量,并测定其终结含水率(若是饱和试样,则用干滤纸吸去试样两端表面上的水,取出试样,测定实验后的含水率)。

五、计算公式

(1)按下式计算试样的初始孔隙比:

$$e_0 = \frac{\rho_w G_s (1 + 0.01 w_0)}{\rho_0} - 1$$

式中 ρ_0——试样初始密度,g/cm^3;

w_0——试样的初始含水率(%)。

(2)按下式计算各级压力下固结稳定后的孔隙比:

$$e_i = e_0 - (1 + e_0)\frac{\Delta h_i}{h_0}$$

式中 Δh_i——某级压力下试样高度变化,即总变形量减去仪器变形量,cm;

h_0——试样初始高度,cm。

(3)按下式计算某一级压力范围内的压缩系数:

$$a_v = \frac{e_i - e_{i+1}}{P_{i+1} - P_i}$$

(4)绘制 $e \sim P$ 的曲线。

以孔隙比 e 为纵坐标、压力 P 为横坐标,将实验成果点在图上,连成一条光滑曲线。

要求:用压缩系数判断土的压缩性。

六、实训总结

实训总结略。

实训六　土的直接剪切实验

一、实验目的

直接剪切实验是测定土的抗剪强度的一种常用方法。通常采用4个试样，分别在不同的垂直压力 P 下，施加水平剪切力进行剪切，测得剪切破坏时的剪应力 τ，然后根据库仑定律确定土的抗剪强度指标：内摩擦角 φ 和黏聚力 c。

二、实验方法与适用范围

（一）实验方法

（1）快剪实验：在试样上施加垂直压力后立即快速施加水平剪应力。

（2）固结快剪实验：在试样上施加垂直压力，待试样排水固结稳定后，快速施加水平剪应力。

（3）慢剪实验：在试样上施加垂直压力及水平剪应力的过程中，均使试样排水固结。

（二）适用范围

适用于测定细粒土的抗剪强度指标 c 和 φ 及土颗粒的粒径小于2 mm的砂土的抗剪强度指标 φ。渗透系数 k 大于 10^{-6} cm/s的土不宜做快剪实验。

三、固结快剪实验

（一）仪器设备

应变控制式直剪仪：剪切盒、垂直加压框架、测力计、推动机构等。

位移计（百分表）：量程5～10 mm，分度值0.01 mm。

其他：天平、环刀、削土刀、饱和器、秒表、滤纸、直尺等。

（二）操作步骤（黏性土）

（1）试样制备：从原状土样中切取原状土试样或制备给定干密度和含水率的扰动土试样4个。按规范规定，测定试样的密度及含水率。当扰动土样需要饱和时，按规范规定的方法进行抽气饱和。

（2）试样安装：对准上下盒，插入固定销，在下盒内放湿滤纸和透水板。将装有试样的环刀平口向下，对准剪切盒口，在试样顶面放湿滤纸和透水板，然后将试样徐徐推入剪切盒内，移去环刀。

转动手轮，使上盒前端钢珠刚好与测力计接触，调整测力计读数为零。依次加上加压盖板、钢珠、加压框架，安装垂直位移计，测记起始读数。

（3）施加垂直压力：一个垂直压力相当于现场预期的最大压力 P，一个垂直压力要大于 P，其他垂直压力均小于 P。但垂直压力的各级差值要大致相等，也可以取垂直压力分别为100 kPa、200 kPa、300 kPa、400 kPa。各级垂直压力可一次轻轻施加，若土质软弱，也可以分级施加，以防试样挤出。

(4)若是饱和试样,则在施加垂直压力 5 min 后,往剪切盒水槽内注满水;若是非饱和试样,仅在活塞周围包以湿棉花,以防止水分蒸发。

(5)在试样上施加规定的垂直压力后,测记垂直变形读数。当每小时垂直变形读数变化不超过 0.005 mm 时,认为已达到固结稳定。

(6)试样达到固结稳定后,拔去固定销,开动秒表,以 0.8 ~ 1.2 mm/min 的速率剪切(以每分钟 4 ~ 6 转的均匀速度旋转手轮),使试样在 3 ~ 5 min 剪损。

剪损的标准:①当测力计的读数达到稳定,或有明显后退时表示试样剪损;②一般宜剪切至剪切变形达到 4 mm;③若测力计的读数继续增加,则剪切至变形达到 6 mm。

(7)剪切结束后,吸去剪切盒中的积水,倒转手轮,尽快移去垂直压力、框架、钢珠、加压盖板等。取出试样,测定剪切面附近的含水率。

按上述步骤连续剪完不同垂直压力下的其余 3 个试样。

四、计算公式

按下式计算试样的剪应力:

$$\tau = \frac{CR}{A_0} \times 10$$

式中 C——测力计率定系数,N/0.01 mm;

R——测力计读数,0.01 mm;

A_0——试样断面面积,cm^2;

10——单位换算系数。

五、结果整理

绘图:①以剪应力为纵坐标、剪切位移为横坐标,绘制剪应力 τ 与剪切位移 Δl 的关系曲线;②以抗剪强度 τ_f 为纵坐标、垂直压力 P 为横坐标,绘制抗剪强度 τ_f 与垂直压力 P 的关系曲线。选取剪应力 τ 与剪切位移 Δl 关系曲线上的峰值点或稳定值作为抗剪强度 τ_f;若无明显峰值点,则可取剪切位移 Δl 等于 4 mm 时对应的剪应力作为抗剪强度 τ_f。

六、实训总结

实训总结略。